真是令人大开眼界呀！

20 贝壳

[法] 安娜－贝内迪克特·施维贝尔 编　时征 译

中信出版集团 | 北京

图书在版编目（CIP）数据

真是令人大开眼界呀！. 20, 贝壳 / (法) 安娜 - 贝内迪克特 · 施维贝尔编 ; 时征译 . -- 北京 : 中信出版社 , 2023.11
ISBN 978-7-5217-5850-4

Ⅰ . ①真… Ⅱ . ①安… ②时… Ⅲ . ①科学知识 - 儿童读物②贝类 - 儿童读物 Ⅳ . ① Z228.1 ② Q959.215-49

中国国家版本馆 CIP 数据核字（2023）第 119999 号

真是令人大开眼界呀！ 20 贝壳

编　　者：[法] 安娜 - 贝内迪克特・施维贝尔
译　　者：时征
出版发行：中信出版集团股份有限公司
（北京市朝阳区东三环北路27号嘉铭中心　邮编　100020）
承 印 者：北京尚唐印刷包装有限公司

开　　本：889mm × 1194mm　1/16　　印　　张：2.75　　字　　数：69千字
版　　次：2023年11月第1版　　印　　次：2023年11月第1次印刷
京权图字：01-2023-1613
书　　号：ISBN 978-7-5217-5850-4
定　　价：398.00元（全20册）

出　　品：中信儿童书店
图书策划：小飞马童书
总 策 划：赵媛媛
策划编辑：白雪
责任编辑：许美琳
营　　销：中信童书营销中心
美术设计：谢佳静
内文排版：王莹

目录

我是乔治，我出现在书中的各处，准备和你一起阅读。

■ 长故事 ■

凯文·帕泰尔和克洛德·贝尼克牢牢地粘在海底的岩石上，
他们期待着在这片广阔的蓝色海洋中能发生一些有趣的事情。
一起来看看他们的故事吧！

极度无聊

本故事由莉萨·洛布罗创作

我们把时间都浪费在这块破岩石上了！
才不是呢。
¥¨ºȼ*μëŁÿȼ？
瞧吧，我们一点儿都听不懂！
¥¨ºȼ*μëŁÿȼ？
我们没兴趣，女士。
没错，就是这样，快走开吧！
Łÿ ¥¨！
其实我想说的是，幸亏当时没学。
……
……
接下来咱们该干点儿什么呢？
来一场放屁大赛怎么样？

* 法国人遇见他人打喷嚏时，会说一句祝福语，这句祝福语与“啊，你搁浅了”“我要打败你”谐音。

哇，你太厉害了！
你给我讲过一次了。
瞧啊，雷吉斯来了。
有什么新闻吗，老朋友？
好吧，再见，下次再聊！
可恶的雷吉斯！
他其实人不坏，就是不怎么爱说话。
显而易见！
……
……

今天的海水有点儿凉，你不觉得吗？
今天的海水有点儿凉，你不觉得吗？
你该不会又开始玩那个我说什么你就重复什么的游戏了吧？
你该不会又开始玩那个我说什么你就重复什么的游戏了吧？
好吧，那我就什么都不说了。
好吧，那我就什么都不说了。
……
……
这游戏可真没劲！
这游戏可真没劲！
……
……

好了，我要去小睡一会儿。
好。
呼——
呼——
呼——
呼——
呼——
我之前好像来过这里。
我受不了了！
嗯？怎么啦？

我吵醒你了？
当然！
嘿嘿。
你每年过生日都会发一回疯，真是够了！
去年，你希望跟一群海胆交朋友。
结果，我们差点儿被蜇伤了！
没这回事儿。
你别想否认，凯文。
我们是贝类动物！我们什么都做不了，这就是我们所面临的情况！
你的爷爷是这样，你的爸爸是这样，你也一样，什么都做不了！
呜呜呜。

呜呜呜。
……
你哭了？
嗯。
没人喜欢我。
我喜欢你啊。
没错，可是对于你，我早就习惯了。
好吧，我谢谢你，你可真会说话！
我没有朋友！
好吧，听着，我本来不想提前告诉你的。
我为你组织了一个小小的生日派对，本来想给你个惊喜。
!
为什么不早说？我讨厌惊喜！

很棒吧！
这个派对可真无聊，
不是吗？
什么有意思的东西
都没有。
我这里有些会发
光的浮游生物，
你想要吗？
就只有一群
笨蛋。
我受够了！
好啦，言归正传吧。
生日快乐，凯文！
（完）

专访凯文和克洛德

文本与绘图：莉萨·洛布罗

这个月，乔治要采访的不是一个对象，而是两个！很明显，他们就是著名的帽贝二人组——凯文和克洛德，他们在《极度无聊》这个故事中都有精彩的表现。

影片《极度无聊》刚刚在戛纳国际电影节上获得了大奖，参与这部影片的整个团队是不是都很激动？

克洛德　这个故事的导演塞尔吉·奥玛尔（注：奥玛尔是法语里“龙虾”一词的音译），可是第一个登上戛纳国际电影节台阶的甲壳动物！他穿着西装，乘坐直升机到了戛纳，在那里品尝了最伟大的星级厨师烹饪的寿司，晚上还睡在泡泡床上。全世界的贝类都为他感到骄傲！我们没能一起去，确实有点儿遗憾。

塞尔吉·奥玛尔说将致力于保护海洋，这是真的吗？

凯文　是的，海洋已经快变成一个垃圾场了。游不出3米的距离，就会撞上一根吸管或一根棉签，这真让人受不了！我的金枪鱼朋友们有一半以上都因为密集捕捞而消失了。事情已经到了如此紧迫的地步，因此我们的团队决定行动起来，保护我们的环境！

凯文·帕泰尔，你怎么看待你的薪水问题？

克洛德　（非常恼火地说）别再讨论这个话题了，这毫无意义！凯文是我认识的最好的演员，他能够胜任所有角色，他配得上2600万美元的薪水！人们指责他赚得太多，但尼莫（小丑鱼）其实比他更有钱。

和野生海胆一起拍摄是不是很危险？

凯文　起初我们想用真正的海胆来拍摄，但后来，培训演员的负责人被严重蜇伤了，所以塞尔吉决定用电脑合成的图像来代替。如今的电脑特效太了不起了，你根本看不出来那是特效！你看，你就没发现海胆是电脑制作的。

你们未来是否还有一起合作的计划？

克洛德　我们会继续拍摄《极度无聊》的故事。第二部作品很快就会和大家见面。影迷朋友们会发现，在第二部中，克洛德一开始就被外星人绑架了，一个和他长得很像的家伙冒名顶替了他。

凯文　第二部影片比第一部时长更长，所以我们会更无聊（笑）！

邦比和高里

与大海通电话

文本与绘图：玛丽·诺维昂

给东西分类很奇怪吗？
行啦，我们还是来听一听大海的声音吧！
你听到海浪的声音了吗？
嘘，等一下！
没错，我听到了海浪的声音！
让我试试。
喂，是大海吗？能听清吗？
哈哈！
我和邦比想要度个小假！我们去看看你怎么样？
嘻嘻嘻。
我们最多只有两天的时间。
哈哈哈！
哈哈！
快点儿，我们出发吧！
到时候见，大海！
再见！
我挂断了！
这段路可不算近呢。
别忘了带上饼干！
完

■真实的故事■

蕾切尔·卡逊

文本：艾拉·库唐斯 绘图：西蒙·巴伊

蕾切尔·卡逊（1907—1964年）是一位一直致力于环境保护事业的作家和海洋生物学家。

蕾切尔的童年是在美国的一个农场里度过的。
在那里，她的妈妈教会了她如何去爱大自然。

她很喜欢写故事。在10岁那年，
她在自己喜欢的杂志上发表了第一篇文章。

在学校，蕾切尔的成绩总是全班第一！
在这里，她开始接触到海洋生物学的知识。

在29岁时，她成了历史上第二个进入
美国鱼类及野生动植物管理局工作的女性。

她的工作主要是观察鱼类的生活状况，并在专门的广播节目中讲给大家听。

在1941年到1955年间，蕾切尔写了三本关于
海洋方面的书籍，这些书让她一举成名。
1952年，她离开了原来的工作岗位。
这真是一种很棒的化学产品，
它能杀灭所有昆虫！
差不多是同一时期，瑞士化学家米勒
发现了滴滴涕的杀虫作用。
滴滴涕
农业从业者们高兴极了，认为他们的庄稼再也不会
被那些昆虫吃掉了。
但滴滴涕对自然环境、对人类和所有动物都有害！
蕾切尔在她的新书中提到了这个问题。
可是，很多科学家都认为她在说谎，
原因之一竟是她是一名女性。
美国总统约翰·肯尼迪立刻启动了相关调查。
最终，滴滴涕在美国被禁止使用了。
拯救气候！
如今，蕾切尔·卡逊被视为倡导生态运动的
先驱之一。

■ 游戏1 ■

去捕捞那些贻贝

绘图：久野隆史

现在是退潮时分，这也是所有度假者最喜欢的时刻！

A 一阵大风把大家说的话吹乱了，你能找到哪句话是谁说的吗？

人物	1	2	3	4	5	6	7	8
对话框								

B 真奇怪！有个小男孩在大海里捡到了一个闹钟。不过，如果你仔细观察的话，这幅图里还有6个奇怪的地方！请把它们都圈出来。

C 你知道下面这几种动物中，哪一种在退潮的时候不会钻到沙子下面吗？

o 蛤蜊　　o 缢蛏（蛏子）　　o 牡蛎

■ 游戏2 ■

漂亮的贝壳

绘图：维罗妮卡 · 科季克

西蒙娜很喜欢收藏漂亮的贝壳，下页这些是其中的一部分。

A 找出对应的字母，把这些贝壳名字的拼音补完整。

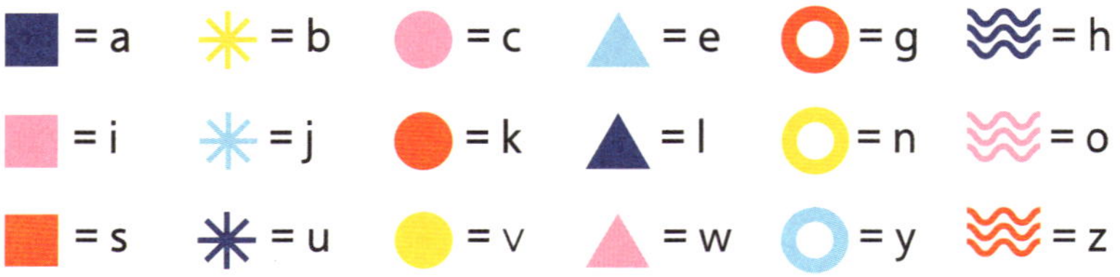

B 在这些贝类动物中，有一种来自太平洋。想知道它是谁吗？把后面这三组字母中的r、b都删掉，就是它的名字了。 **ryingr wbu lubo**

1
2
3
4
5
6
7
8
9
10
11
12
13
14
15

■ 游戏3 ■

软体动物

绘图：斯特凡妮 · 拉纳

整个夏天，乔治都在收听广播里的《软体动物》节目。他很喜欢其中关于贝类动物的知识问答竞赛。

A 是真是假？答对所有的题目，你就是优胜者啦！

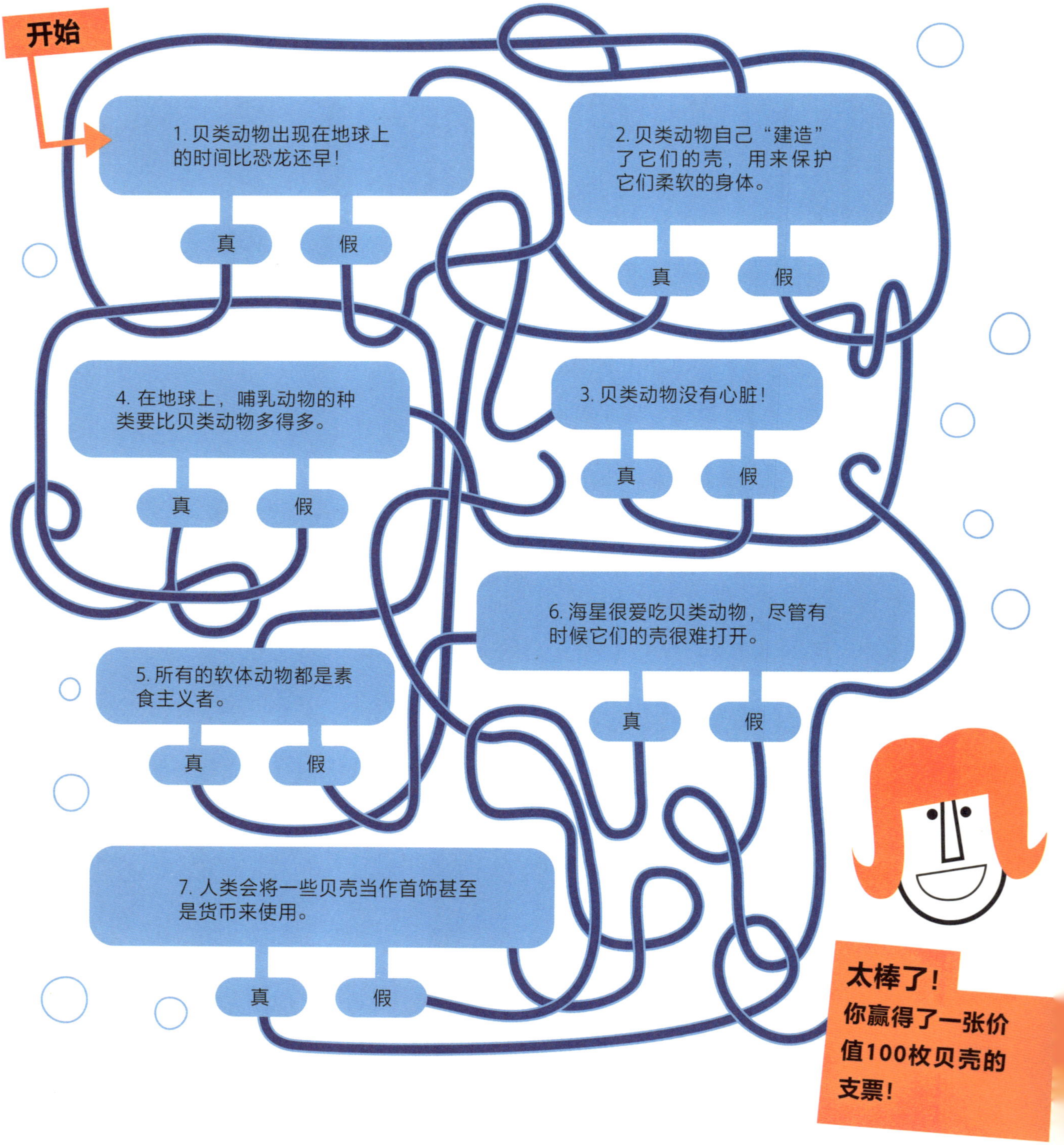

游戏4

叮！手工时间到了！

设计者：曼斯和鲁

小朋友们，
一起来动手玩一玩吧！

请动手制作一个贝壳纸模！

所需材料：

剪刀、胶水。

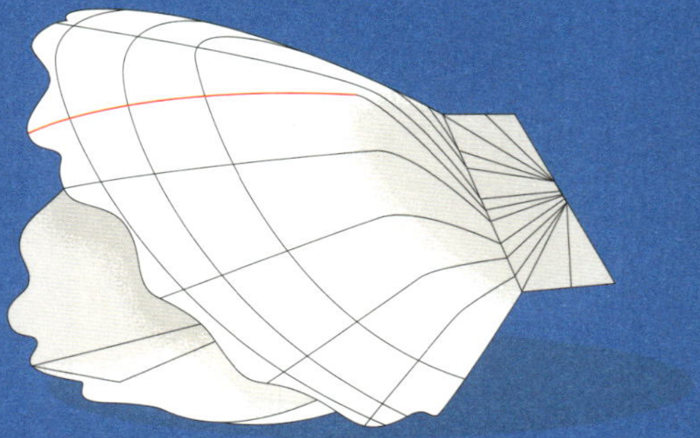

制作方法：

1. 将右页贝壳纸模剪下来（注意！不要把A和B两部分剪掉了）。
2. 沿着两条黄线剪开。
3. 将A和B两部分沿虚线折叠。
4. 沿其余虚线折叠贝壳纸模的各个部分。
5. 在贝壳纸模的背面C和D的位置涂上胶水，将这两部分紧紧粘在一起。
6. 在A的位置涂上胶水，并将它粘在旁边部分的下面。这样贝壳纸模就更有立体感了。
7. 在B的位置涂上胶水，并将它粘在旁边部分的下面。
8. 贝壳纸模做好了，现在你要做的，就是在里面藏一个神秘的小物件！

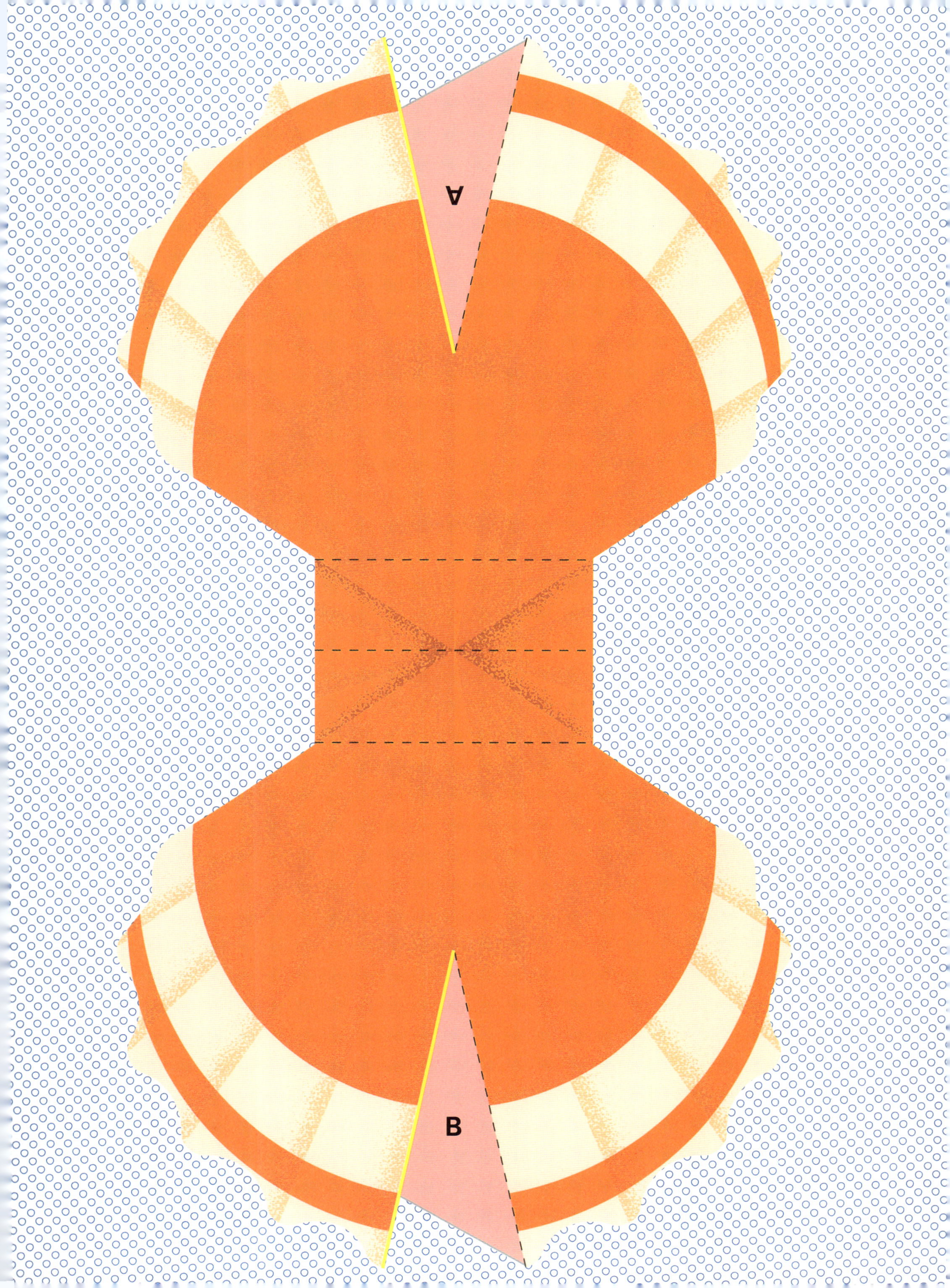
A
B

小朋友们，
继续游戏吧！

C

D

游戏5

神奇的牡蛎

绘图：伊格洛 · 迪宁

乔治一直想知道珍珠是如何在牡蛎体内形成的。

A 下一页的6幅图恰好解释了这件事，但它们的顺序被打乱了，你能帮乔治把它们排列正确吗？

1. ____________________

2. __________c__________

3. ____________________

4. ____________________

5. ____________________

6. ____________________

B 在法国，有四个月份不吃牡蛎，据说是因为那几个月是牡蛎的繁殖期，在繁殖期内牡蛎会分泌一种黏液，味道并不可口。这四个月的英文单词中都没有字母R，你知道是哪四个月吗？

....

....

....

....

a. 珍珠形成了之后，牡蛎是无法自己将珍珠排出体外的，只能等待有人恰好经过并打开它的壳。

b. 每颗珍珠都不同：有的是圆的，有的是椭圆的；有的闪耀着光泽，有的却略显暗淡。

c. 这颗小沙粒让牡蛎感觉很难受，但牡蛎无法将它排出体外！

d. 把珍珠取出来，并用它制成一条项链！（当然，一颗珍珠可能不够，还要再多捡几颗。）

e. 起初，一颗小沙粒跟着海水一起进入了牡蛎的壳里。

f. 小沙粒陷入牡蛎外套膜的结缔组织，形成珍珠囊并分泌珍珠质，从而逐渐沉积为珍珠。

牡蛎是一种双壳纲动物。最大的双壳纲动物是大砗磲，它的体形长达1米，重量可以达到250公斤！

C 下面这个大砗磲是由乔治想象出来的，请用对称的方式，将它的另一半画出来。

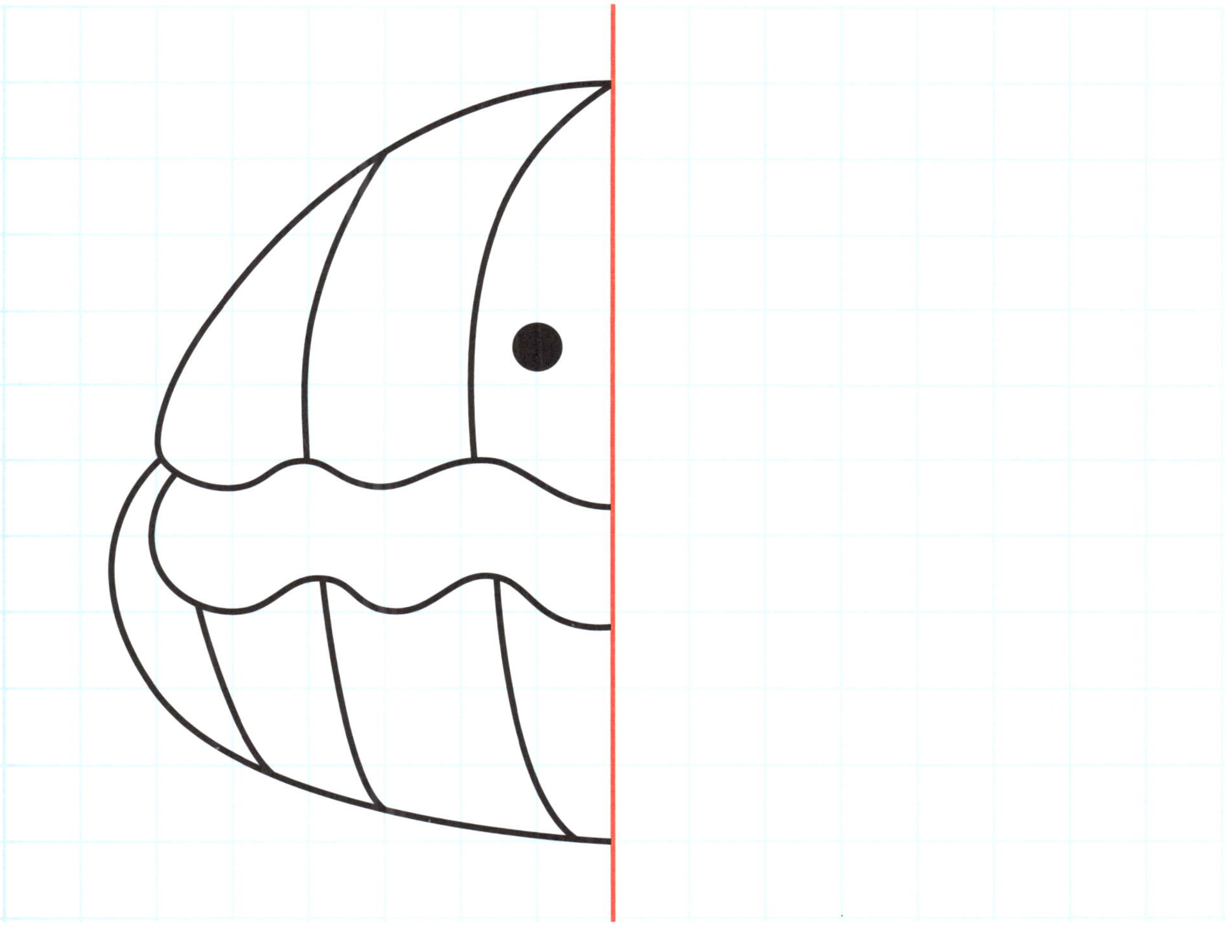

■ 游戏6 ■

想回家可不简单

绘图：亚当·豪林

螺号吹响了。安娜和奥托该回家了。不过，要当心哟，在回家的路上千万不要踩到带有下面几个图案（包含旋转后的图案）的格子。

海螺是一种贝类，自史前时代以来，它的外壳就一直被人们拿来当作号角。在亚洲、美洲、大洋洲等地，它至今还保持着这样的用途！

■ 职业万花筒 ■

海洋研究员

文本：樊尚·雅多　绘图：斯特凡妮·拉纳

乔治在公共游泳池游泳时，会害怕泳池底部藏着一只巨大的章鱼。所以，当他听说马若兰·马塔沃斯正在潜心研究那些生活在海洋底部的生物时，整个人都开始瑟瑟发抖。

你小时候梦想的职业是什么？

马若兰 我一开始在兽医和音乐老师之间犹豫不决。

听说你家里有水族箱？

马若兰 是的，不过它里面养的不一定是鱼，而是青蛙、蝾螈……在我还是一个孩子时，就已经准备好去保护大自然了，我曾为此指责过家里的所有人（尤其是我的叔叔，他总是把烟头扔在地上）。

是什么让你爱上了大海呢？

马若兰 当我渐渐长大，我开始梦想着能去探索海洋。后来有一天，我母亲给我买了一本名为《生态战士》的书，里面讲述的是保罗·沃森的真实故事，他驾驶着他的船与那些捕鲸者和所有想要掏空海洋中的鱼类的人进行斗争。对我来说，这算是一个转折点！

你是什么时候决定要成为一名海洋研究人员的呢？

马若兰 15岁吧。我要感谢我的一位生物老师，是他一直鼓励我坚持这方面的学习，我最终实现了自己的梦想。

你为什么会做出这个选择？

马若兰 是为了用研究和数据来证明我们必须要保护海洋，停止对它的污染。

你经常旅行吗？

马若兰 我大部分时间都待在办公室里写报告和制订研究计划。我也会和大学生们一起在实验室里进行科研工作。但每年我都会出差四五次，到世界各地去跟其他研究人员进行交流。

你也会去实地探索海洋，对吗？

马若兰 对，当然了。比如今年，我就有两个长时间探索海洋的计划，我会乘坐潜水器到海洋深处进行观测。

要想从事这个职业，需要具备哪些重要的素质呢？

马若兰 要很认真，也要保持强烈的好奇心，同时还要富有想象力，去设想那些我们几乎一无所知的海底生物是如何生活的。

你最难忘的回忆是什么？

马若兰 我乘坐着鹦鹉螺号潜水器，下潜到2600米深的海底（这个距离是埃菲尔铁塔高度的约8倍），沿着海底山脉航行。你可以打开灯，去探寻和欣赏这片深邃的海洋和它的那些神秘居民。在海底生活的动物们都拥有着不可思议的形状。每当发现一个新物种，都是一个很了不起的时刻！

对于那些想要从事这个职业的孩子，你有什么建议吗？

马若兰 先要喜欢上那些描写深海的书籍，比如反复阅读儒勒·凡尔纳的《海底两万里》。

鹦鹉螺号

国际通语信号旗

绘图：斯特凡妮·拉纳

国际通语信号旗，即国际通用的、专供船与船间或船与岸间互相通信联络用的信号旗，包括26面字母旗、10面数字旗、3面代旗和1面回答旗。在过去，各国的船只之间都是通过它进行沟通的。

小知识 每一面信号旗：

- 代表一个字母或一个数字。
- 拥有某种含义。

因此，我们可以：

- 悬挂多面信号旗来表达一个词。
- 悬挂一面信号旗来传递某个特定信息。（比如：单字母旗“A”表示“人员在水下工作，请慢速远离我”。）

游戏1 这是乔治给他的小船起的英文名，你能通过右页提示把它破译出来吗？

游戏2 在下面的格子里填充不同的信号旗，为你的小船起一个英文名字吧，或者用它写出你名字的拼音！

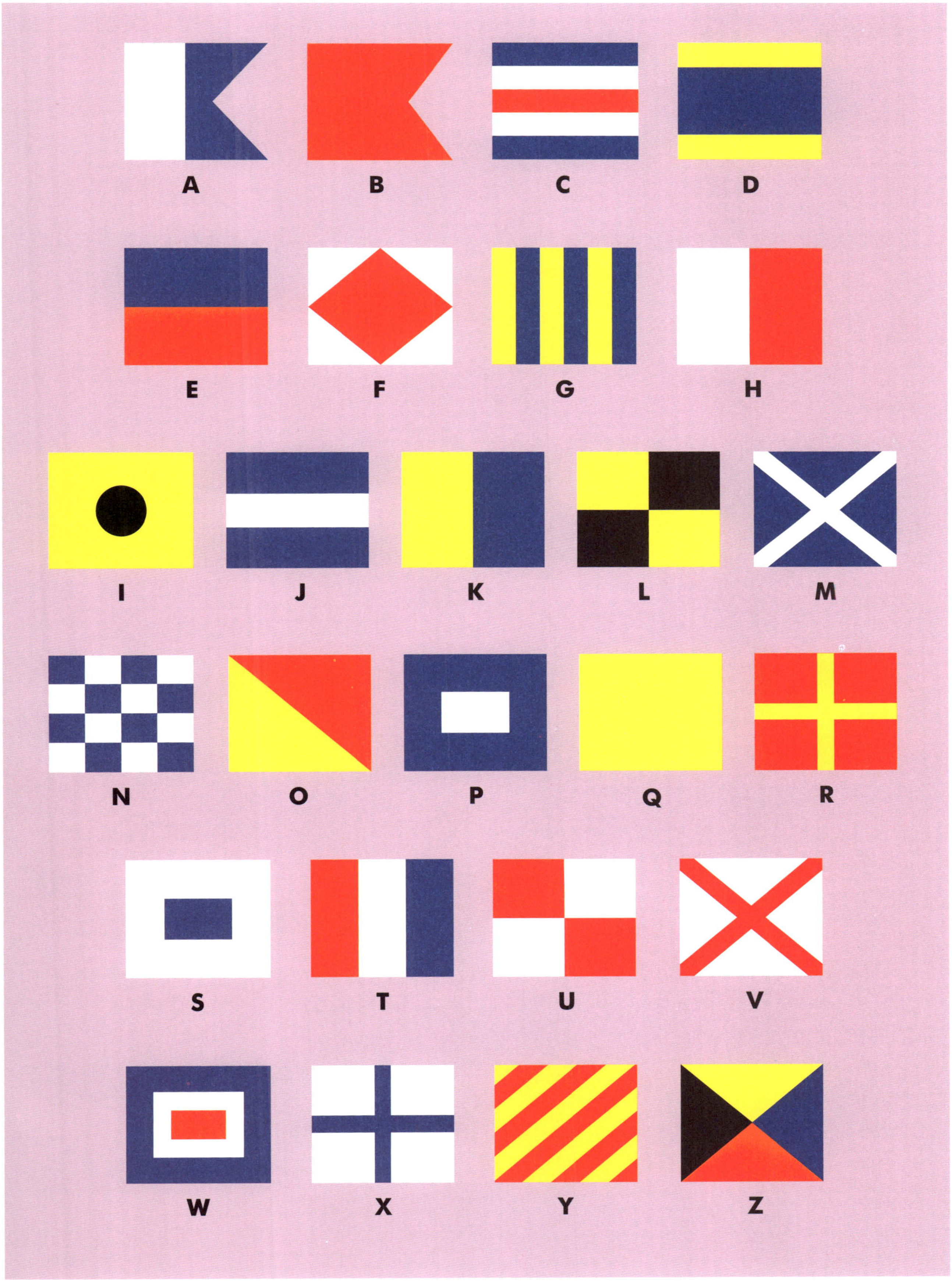
A
B
C
D
E
F
G
H
I
J
K
L
M
N
O
P
Q
R
S
T
U
V
W
X
Y
Z

海水脱盐

绘图：斯特凡妮·拉纳

在海上航行的时候，想要喝杯水可没那么容易，因为对人类来说，咸咸的海水是不能直接饮用的。不过这里有一个小实验，能教会你如何将海水转化成可以喝的淡水。

所需材料：

· 两碗海水（或两碗淡水+两汤匙盐）
· 一块鹅卵石
· 一个透明的沙拉盆
· 一个空玻璃杯
· 食品保鲜膜

将海水倒入沙拉盆里（或倒入两碗淡水，再加入两汤匙盐，并搅拌均匀）。

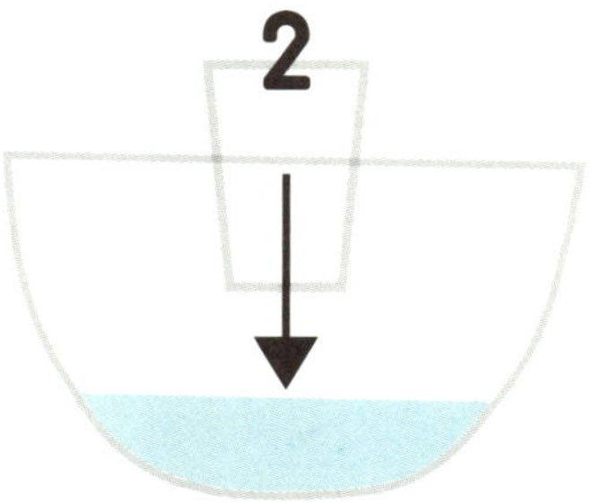

将一个干净的空玻璃杯放在沙拉盆的正中。

用食品保鲜膜将沙拉盆密封起来。

在保鲜膜的正中压上一块鹅卵石。一定要保证将鹅卵石放置在正中的位置，以便保鲜膜能够更贴近玻璃杯。

将沙拉盆放置在阳光下。在热量的作用下，保鲜膜上会渐渐出现一些水滴，它们会顺着低处流入玻璃杯中。几天后，玻璃杯里就能积累一定量的水了。

当玻璃杯里的水足够多的时候，你就可以尝尝看了。它还是咸的吗？

实验说明：

在阳光照射的作用下，水会蒸发，它会变成水蒸气。水蒸气向上升，遇到保鲜膜阻挡后，又会凝结为液态水，随后流进玻璃杯中。但是海水中的盐不会蒸发，它会留在沙拉盆的底部！于是，在玻璃杯中就获得淡水了。

抱歉，乔。我这次忘记
带瓶水了。
埃德，我还要这样待很久吗？
埃德和乔

制作一个风筝

绘图：斯特凡妮 · 拉纳

当我们看见贝壳的时候，总会联想到海滩，而在海滩上放风筝再惬意不过了！所以乔治在这里想要教你制作一个风筝，这样你就可以去海边放风筝了，当然在其他户外的地方也可以！

所需材料：

- 一根60厘米长的细木条
- 一根40厘米长的细木条
- 报纸或牛皮纸
- 细绳
- 胶水和剪刀
- 一把长尺和一支铅笔
- 一些长长的彩色装饰带

制作方法：

1

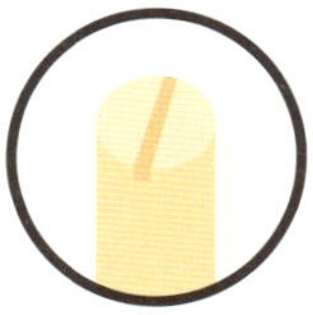

请家长帮忙用剪刀在两根细木条的两端各弄出一个凹槽。

2

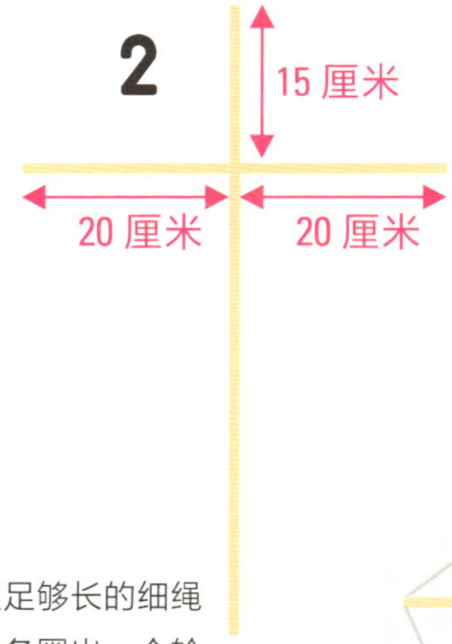

按照图中所示的方式将两根细木条垂直放置，并用细绳绑好（你可以用胶水先将它们粘在一起，再用细绳绑结实）。

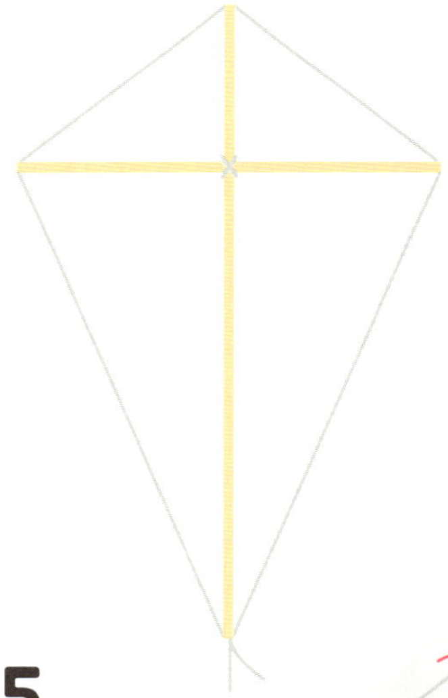

3

用一根足够长的细绳围着木条圈出一个轮廓，并在下方打一个结。在操作的时候，要确保细绳穿过细木条两端的所有凹槽。

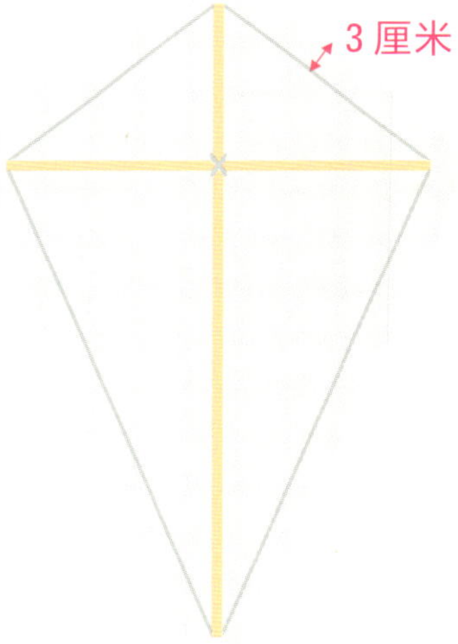

4

将由细木条和细绳组成的风筝骨架放在一张报纸或牛皮纸上，借助尺子在纸上画出一个菱形图案，要保证这个菱形的每个边都与风筝轮廓有3厘米距离。然后将图案剪下来。

5

按照右边图中所示的方式，将图案上位于木条两端位置的纸裁减掉一小块。然后将四个边向内折叠，并用胶水粘牢。

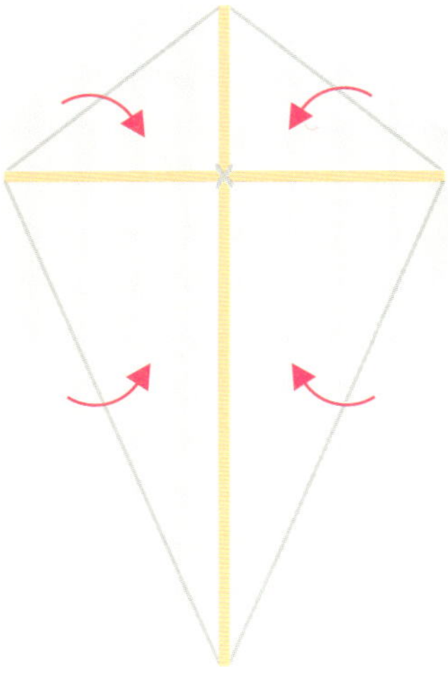

6

将一根细绳分别系在横向木条的两端，在这根细绳的正中间再系上一根长长的细绳（大约4米）。

7

在你的风筝上画上装饰图案，再在它的底部粘上长长的彩色装饰带。你可以先试着放飞风筝，再根据效果来调节彩带和细绳的长度。

游戏答案

这就是封面和封底的7个不同之处：

游戏1 去捕捞那些贻贝

A.

人物	1	2	3	4	5	6	7	8
对话框	C	H	E	F	A	D	G	B

B.

C. 牡蛎。

游戏2 漂亮的贝壳

A. 1. bin luo滨螺。2. ying wu luo鹦鹉螺。3. zhu cheng竹蛏。4. ge li蛤蜊。5. ou zhou yu shu luo欧洲玉黍螺。6. han zi蚶子。7. sheng ya ke shan bei圣雅克扇贝。8. bao yu鲍鱼。9. ying ge樱蛤。10. yong luo蛹螺。11. zhong luo钟螺。12. zhui luo锥螺。13. shan bei扇贝。14. e luo蛾螺。15. jiao bei角贝。

B. 鹦鹉螺。

游戏3 软体动物

A. 1. 真。2. 真。3. 假。4. 假。5. 假。6. 真。7. 真。

游戏5 神奇的牡蛎

A. 1. e。2. c。3. f。4. b。5. a。6. d。

B. 5月、6月、7月和8月。

游戏6 想回家可不简单

语言研究所 国际通语信号旗

游戏1：SHELL（贝壳）。